자연이 알려 주는
우리 속담

정보 제공 및 내용 감수에 참여한 **국립생태원 연구원**
고은하, 김두환, 박태진, 임헌명, 조영호, 진선덕, 차진열, 천광일, 최종윤

자연이 알려 주는
우리 속담

발행일	2020년 2월 10일 초판 1쇄 발행
	2022년 12월 9일 초판 3쇄 발행
엮음	국립생태원
그림	김선아, 김경수
발행인	조도순
책임편집	유연봉
편집	이진원
원문구성	아이핑크
진행·디자인	소소한소통
사진	국립생태원(박정수, 박태진, 윤희남, 이승은, 장민호, 조영호, 진선덕, 최종윤)
	국립생물자원관(김정년, 현진오), 김대인, Shutterstock
발행처	국립생태원 출판부	신고번호 제458-2015-000002호(2015년 7월 17일)
주소	충남 서천군 마서면 금강로 1210 / www.nie.re.kr
문의	041-950-5999 / press@nie.re.kr

© 국립생태원 National Institute of Ecology, 2020
ISBN 979-11-90518-68-0
　　　979-11-90518-20-8 14400 (세트)

· 이 책에 실린 모든 글과 그림을 저작권자의 허락 없이 무단으로 사용하거나
　복사하여 배포하는 것은 저작권을 침해하는 것입니다.

· <조심하세요> 책을 던지거나 떨어뜨리면 다칠 수 있으니 조심하세요.
　온도가 높거나 습기가 많은 곳, 햇빛이 바로 닿는 곳에는 책을 두지 마세요.

> 쉬운 글과
> 그림으로 보는
> 자연 이야기

자연이 알려 주는
우리 속담

국립생태원 엮음

머리말

속담 뜻도 알고, 자연도 배우고

안녕하세요!

평소 속담에 대해 관심이 있으셨나요?
속담은 옛날부터 전해 내려오는
'지혜가 담긴 짧은 이야기'입니다.
속담을 잘 살펴보면 옛날 사람들이 어떻게 살았는지
알 수 있는 이야기들이 많이 있습니다.

그런데 속담은 한 번 보아서는
무슨 뜻인지 이해하기 어려운 경우가 많습니다.
살아가면서 필요한 지혜를 한 문장이나 두 문장 정도로
짧게 표현하기 때문이죠.
하지만 속담을 잘 활용하면 복잡하게 설명할 내용도
간단하게 표현할 수 있답니다.

이렇게 도움이 되는 속담의 뜻을
이해하도록 돕기 위해 이 책을 만들었습니다.

우리나라 속담에는 동물, 식물이 들어가 있는 속담이 많습니다.
이 책은 그중 40개를 소개합니다.
평소 속담에 들어간 동물이나 식물에 대해 알고 싶었다면
이 책을 읽어 보세요.
속담의 뜻도 알고 속담에 나오는 동물, 식물에 대해서도
배울 수 있습니다.

알면 알수록 재미있는 속담의 숨은 뜻과 자연 이야기!
지금부터 시작합니다.

목 차

머리말

`우리 속담 01` **고양이 쥐 생각한다**　14
`자연 이야기` 고양이와 음식　16

`우리 속담 02` **다람쥐 쳇바퀴 돌리는 듯하다**　18
`자연 이야기` 다람쥐와 볼주머니　20

`우리 속담 03` **꿩 대신 닭이다**　22
`자연 이야기` 꿩의 특징　24

`우리 속담 04` **물이 깊어야 물고기가 논다**　26
`자연 이야기` 깊은 물속의 물고기　28

`우리 속담 05` **굼벵이도 구르는 재주가 있다**　30
`자연 이야기` 굼벵이와 누에　32

`우리 속담 06` **도토리 키 재기**　34
`자연 이야기` 도토리와 참나무　36

`우리 속담 07` **빛 좋은 개살구**　38
`자연 이야기` 살구와 개살구　40

`우리 속담 08` **하룻강아지 범 무서운 줄 모른다**　42
`자연 이야기` 새끼 호랑이의 출생　44

`우리 속담 09` **새 발의 피다**　46
`자연 이야기` 새와 발의 크기　48

`우리 속담 10` **미꾸라지 한 마리가 온 강물을 흐린다**　50
`자연 이야기` 물을 흐리는 미꾸라지　52

`우리 속담 11` **우물 안 개구리다**　54
`자연 이야기` 올챙이에서 개구리로　56

`우리 속담 12` **꽃이 고와야 나비가 모인다**　58
`자연 이야기` 나비와 꽃　60

`우리 속담 13` **감나무 밑에 누워 연시 떨어지기를 기다린다**　62
`자연 이야기` 감의 달콤함　64

`우리 속담 14` **수박 겉핥기다**　66
`자연 이야기` 알맹이와 껍질　68

`우리 속담 15` **서당 개 삼 년에 풍월 읊는다** 70
`자연 이야기` 개의 능력　72

`우리 속담 16` **바늘 도둑이 소도둑 된다** 74
`자연 이야기` 소의 소화 방법　76

`우리 속담 17` **닭 잡아먹고 오리발 내민다** 78
`자연 이야기` 오리의 특징　80

`우리 속담 18` **숭어가 뛰니 망둥어도 뛴다** 82
`자연 이야기` 숭어와 뜀뛰기　84

`우리 속담 19` **구렁이 담 넘어가듯 한다** 86
`자연 이야기` 구렁이의 사냥법　88

`우리 속담 20` **벼룩의 간을 내어 먹는다** 90
`자연 이야기` 벼룩의 간　92

`우리 속담 21` **콩으로 메주를 쑨다 해도 곧이듣지 않는다** 94
`자연 이야기` 콩의 종류　96

`우리 속담 22` **가을에 핀 연꽃이다**　　98
`자연 이야기` 연꽃과 수련　　100

`우리 속담 23` **고슴도치도 제 새끼가 가장 곱다고 한다**　　102
`자연 이야기` 고슴도치와 가시　　104

`우리 속담 24` **제비는 작아도 강남 간다**　　106
`자연 이야기` 강남 가는 철새　　108

`우리 속담 25` **참새가 방앗간을 그냥 지나치지 않는다**　　110
`자연 이야기` 참새와 방앗간　　112

`우리 속담 26` **가재는 게 편이다**　　114
`자연 이야기` 가재와 게　　116

`우리 속담 27` **두꺼비 파리 잡아먹듯 하다**　　118
`자연 이야기` 두꺼비의 먹이　　120

`우리 속담 28` **산 입에 거미줄 치랴**　　122
`자연 이야기` 거미와 거미줄　　124

`우리 속담 29` **구르는 돌에는 이끼가 안 낀다**　**126**
`자연 이야기` 돌 위의 이끼　128

`우리 속담 30` **재주는 곰이 넘고 돈은 주인이 받는다**　**130**
`자연 이야기` 똑똑한 곰　132

`우리 속담 31` **염소 물똥 누는 것 보았느냐**　**134**
`자연 이야기` 염소와 똥　136

`우리 속담 32` **부엉이 소리도 제 귀에는 듣기 좋다**　**138**
`자연 이야기` 밤에 강한 부엉이　140

`우리 속담 33` **어물전 망신은 꼴뚜기가 다 시킨다**　**142**
`자연 이야기` 꼴뚜기의 몸　144

`우리 속담 34` **메뚜기도 유월이 한철이다**　**146**
`자연 이야기` 메뚜기의 공격　148

`우리 속담 35` **지렁이도 밟으면 꿈틀한다**　**150**
`자연 이야기` 지렁이가 사는 곳　152

우리 속담 36 뿌리 깊은 나무는 가뭄을 타지 않는다　　154
자연 이야기 나무와 뿌리　　156

우리 속담 37 고래 싸움에 새우 등 터진다　　158
자연 이야기 고래와 새우　　160

우리 속담 38 자라 보고 놀란 가슴 솥뚜껑 보고 놀란다　　162
자연 이야기 자라 등과 솥뚜껑　　164

우리 속담 39 송충이는 솔잎을 먹어야 산다　　166
자연 이야기 사람에게 안 좋은 벌레　　168

우리 속담 40 벼는 익을수록 고개를 숙인다　　170
자연 이야기 고개 숙인 벼　　172

우리 속담 01
고양이 쥐 생각한다

속담의 뜻

고양이가 속으로는 쥐를 해칠 마음을 갖고 있으면서 겉으로는 생각해 주는 척을 한다는 뜻이다.

속마음과 다르게
겉으로 잘해 주는 척하는 사람에게 쓴다.

이렇게 쓰여요

점심시간에 새로 생긴 식당에 밥을 먹으러 갔다.
생각보다 맛이 없어서 음식이 많이 남았다.
그런데 평소 나한테 힘든 일을 많이 시키는 선배가
"요즘 힘이 없어 보이던데, 많이 먹어라"
하면서 음식을 자꾸 퍼 주었다.

'쳇, **고양이 쥐 생각해 주네**.'
기분이 별로 좋지 않았다.

자연 이야기
고양이와 음식

사람들은 고양이가 뭐든 좋아하는 줄 아는데
사실은 그렇지 않다.

햄, 소시지, 어묵처럼 소금이 많은 음식은 위험하다.
고양이 몸에 소금이 많이 쌓이면 건강에 매우 좋지 않다.

고양이는 레몬, 식초처럼 신맛 나는 음식을 싫어하고
카페인이 들어 있는 초콜릿을 많이 먹으면
토하기도 한다.

↑ 빵, 소시지, 우유는
고양이에게 위험하다.

↑ 레몬, 초콜릿은
고양이가 싫어한다.

 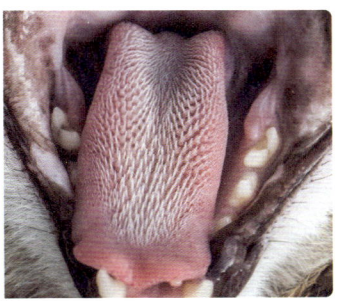

↑ 고양이 혀와 돌기의 모습이다.

고양이의 혀에는 뾰족뾰족한 것이 돋아 있다.
이것을 돌기라고 하는데,
약 200개~400개 정도를 가지고 있다.

돌기가 돋은 혀는 머리빗 같은 역할을 한다.
그래서 고양이는 혀로 털을 핥아 정리한다.

고양이 혀
처음 봤냐옹~

우리 속담 02
다람쥐 쳇바퀴 돌리는 듯하다

🔍 속담의 뜻

우리에 갇힌 다람쥐가 자유롭게 놀지 못하고
바퀴만 계속 돌린다는 뜻이다.

매일 같은 일을 반복하면서
변화 없이 사는 사람에게 쓴다.

🔍 이렇게 쓰여요

오랜만에 만난 친구가 어떻게 지내냐고 묻기에,
"별거 없어. 회사 출근해서 일하다,
퇴근하면 집에 가지"라고 대답했다.

그 말을 들은 친구는
"**다람쥐 쳇바퀴 돌듯이**
매일 똑같이 살아가는구나"라고 했다.

자연 이야기

다람쥐와 볼주머니

↑ 먹이를 먹는 다람쥐. 다람쥐는
   애벌레나 곤충도 먹는다.

다람쥐는 숲에 떨어진 먹이를 주우러 다닌다.
주운 먹이는 볼 안에 차곡차곡 담는다.

다람쥐는 볼을 늘렸다 줄였다 할 수 있기 때문이다.
이런 다람쥐의 볼을 '볼주머니'라고 한다.

다람쥐처럼 볼주머니를 가진 동물이 또 있다.
입 모양이 오리의 부리와 비슷한 오리너구리는
가재, 지렁이, 조개를 볼주머니에 담는다.

캥거루는 볼이 아닌 배에 주머니가 있다.
아기 캥거루는 엄마 캥거루의 주머니 속에서
젖을 먹으며 자란다.

아기 코알라도 엄마 코알라의 주머니에서 자란다.

↑ 캥거루(왼쪽)와 코알라(오른쪽)는 아기 주머니를 가지고 있다.

우리 속담 03

꿩 대신 닭이다

🔍 속담의 뜻

꿩고기는 비싸고 구하기 쉽지 않아서
대신 닭고기를 먹는다는 뜻이다.

원하는 게 없을 때
비슷한 걸 대신 쓰는 것을 말한다.

🔍 이렇게 쓰여요

엄마에게 돼지고기 김치찌개가 먹고 싶다고 했다.
그런데 식탁에 올라온 것은 참치 김치찌개였다.

엄마는 이렇게 말했다.
"냉장고에 돼지고기가 있는 줄 알았는데
없는 거 있지!
꿩 대신 닭이라고, 돼지고기 대신 참치 넣었어.
돼지고기 김치찌개는 다음에 맛있게 끓여 줄게."

자연 이야기

꿩의 특징

↑ 장끼(수컷 꿩)와 까투리(암컷 꿩)의 모습이다.

꿩은 수컷과 암컷을 부르는 이름이 다르다.
수컷은 '장끼'
암컷은 '까투리'라고 부른다.

까투리는 한 번에 알을 8~12개 정도 낳는데,
23일 정도 품고 있으면 새끼가 태어난다.

닭은 매일 알을 낳지만
꿩은 4~6월에만 알을 낳는다.

꿩은 몸집은 큰데 날개가 짧아서 멀리 날지 못한다.
새끼들은 위험하면 꿩! 꿩! 꿩! 하며
날아올라 놀라게 하거나
재미있게도 수풀에 머리를 박고 가만히 있는다.

꿩과 관련해 재미있는 게 또 있다.
'꿩의 다리'라는 이름이 들어가는 들꽃들이 있다.
'꿩의다리'는 곧게 자라는 줄기에 흰 꽃이 달린다.
'금꿩의다리'는 보라색 줄기에 보라색 꽃이 핀다.

꽃을 '꿩의 다리'라고 부르게 된 것은
줄기가 꿩의 다리처럼 생겼고,
숲에 숨어 있어서 꿩처럼 잘 보이지 않기 때문이다.

꿩의다리   금꿩의다리

우리 속담 04

물이 깊어야 물고기가 논다

🔍 속담의 뜻

물이 깊어야
물고기가 모여서 놀 수 있다는 뜻이다.

친구를 사귀려면 내가 먼저
좋은 사람이 되어야 한다는 뜻으로 쓰인다.

🔍 이렇게 쓰여요

회사에 친한 사람이 없어서 좀 속상했다.
집에 와서 얘기했더니 아빠가 말했다.
"**물이 깊어야 물고기가 논다**고 하잖니.
동료가 힘들어할 때 도와주고,
먹을 것도 같이 나눠 먹어 봐라.
그러면 너한테도 친구가 생길 거야."

아빠 말대로 했더니 정말로 친한 사람들이 생겼다.
회사 가는 게 조금 더 좋아졌다.

자연 이야기

깊은 물속의 물고기

⬆ 심해 아귀. 머리의 뿔로 빛을 내서 먹이를 끌어들인다. 초롱아귀라고도 부른다.

깊은 바다에는 빛도 없고 햇볕이 닿지도 않아 깜깜하다.

그래서 빛을 내는 물고기,
밝은색의 물고기가 많고
앞을 잘 보기 위해 눈이 아주 큰 물고기도 많다.

깊은 바다는 물이 매우 차갑고
물고기들이 먹을 먹이가 부족하다.

먹이가 있을 때
많이 먹고 많이 저장해 둬야 하기 때문에
깊은 바다에 사는 물고기는 입과 위가 큰 편이다.

다행히 먹이를 쉽게 얻을 때도 있다.
죽은 고래가 바다에 가라앉을 때다.
물고기들은 죽은 고래의 피부, 살, 내장, 뼈 등을 먹는다.

↑ 입이 매우 큰 '고래상어'.
　몸에 흰 점무늬와 줄무늬가 있다.

우리 속담 05

굼벵이도 구르는 재주가 있다

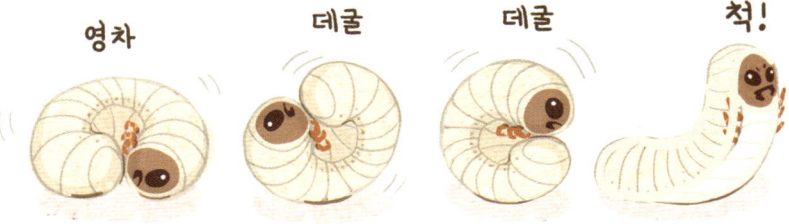

속담의 뜻

굼벵이는 몸이 짧고 느리지만
데굴데굴 구르는 것은 잘한다는 뜻이다.

아무리 할 줄 아는 게 없어도
잘하는 게 한 가지는 있다는 말이다.

이렇게 쓰여요

내가 제일 좋아하는 양말의 한 짝이 없어졌다.
세탁기 안을 들여다보기도 하고
서랍도 다 열어봤는데 아무 데도 없었다.

속상해 하고 있는데 맨날 먹고 뒹굴기만 하던
강아지 까미가 양말을 입에 물고 나타났다.
"**굼벵이도 구르는 재주가 있다**더니,
까미야, 너 이거 어디서 찾았니?"
나는 까미를 꼬옥 끌어안았다.

 **자연 이야기**
굼벵이와 누에

굼벵이는 여러 곤충의 애벌레*를 말한다.
풍뎅이 애벌레, 꽃무지 애벌레, 매미 애벌레가 있다.

그래서 굼벵이가 자라면
풍뎅이, 꽃무지, 매미 같은 멋진 곤충이 된다.

* 애벌레란 알에서 나온 후 아직 다 자라지 않은 곤충을 말한다.

↑ 풍뎅이 애벌레와
   다 자란 풍뎅이의 모습이다.

↑ 꽃무지 애벌레와
   다 자란 꽃무지의 모습이다.

↑ 매미 애벌레와
   다 자란 매미의 모습이다.

↑ 누에가 뽕나무 잎을 먹고 있다.

누에는 굼벵이와 비슷하게 생긴 곤충이다.
굼벵이처럼 짧고 통통한 몸에
여러 개의 짧은 다리로 느릿느릿 기어 다닌다.

누에는 누에나방의 애벌레인데
입에서 만들어 낸 실로 둥근 모양의 집을 짓는다.
그 집을 누에고치라고 한다.

누에고치

우리 속담 06
도토리 키 재기

속담의 뜻

크기가 비슷한 도토리끼리
키를 잰다는 뜻이다.

서로 비슷한 사람끼리 비교하는 상황에 쓴다.

이렇게 쓰여요

친구가 시험을 봤는데 50점을 받았다.
내가 겨우 50점을 받았냐고 놀렸더니,
그 모습을 본 선생님이 하신 말씀!

"너도 55점인데,
50점이나 55점이나
도토리 키 재기다."

자연 이야기

도토리와 참나무

⬆ 참나무는 위로 곧게 자란다.　⬆ 도토리는 참나무의 열매다.

참나무는 많은 동물이 쉬는 커다란 나무다.
도토리는 참나무의 열매다.

도토리는 많은 동물들에게 고마운 먹이다.
특히 다람쥐에게는 훌륭한 겨울 먹이가 된다.
다람쥐는 겨울에 먹을 도토리를
땅속 여기저기에 묻어 둔다.
그중 다람쥐가 먹지 않은 도토리는 참나무로 자란다.

참나무의 종류는 매우 많다.

우리나라에서 볼 수 있는 참나무는
신갈나무, 상수리나무, 떡갈나무, 굴참나무,
졸참나무, 갈참나무 등이 있다.

이 나무들의 잎과 열매, 나무껍질의 생김새는
조금씩 다르다.

🔍 **여러 참나무의 잎과 도토리**

| 신갈나무 | 상수리나무 | 떡갈나무 |

우리 속담 07
빛 좋은 개살구

속담의 뜻

개살구는 껍질이 반지르르한 게 맛있어 보이지만
먹어 보면 시고 떫은맛이 나서 먹을 수 없다는 뜻이다.

겉모양은 그럴듯하나
보이는 것만큼 좋지는 않을 때 쓴다.

이렇게 쓰여요

편의점에 갔더니 새로 나온 과자가 있었다.
광고에서 볼 때 맛있어 보였고,
과자 봉지도 커서 큰 기대를 갖고 샀다.

그런데 과자 봉지를 뜯어보니
빛 좋은 개살구처럼
맛도 없고 봉지 안도 텅 비어 있었다.

 자연 이야기
살구와 개살구

↑ 살구나무의 열매인 살구

↑ 박하 잎(왼쪽)과 개박하 잎(오른쪽)

개살구는 살구보다 단맛은 적은 대신
시고 떫은맛이 강하다.

식물 이름 앞에 붙은 '개' 자는
원래 식물보다 좋지 않다,
비슷한 데가 있지만 다르다를 뜻한다.

개머루는 머루랑 비슷하지만 먹지 못한다.
개박하는 박하와 생김새가 다르지만
향기가 비슷해서 개박하라고 불린다.

갯고들빼기, 갯그령 앞에 붙은 '갯'은
바닷가나 물기가 많은 땅에서 자라는 식물을 말한다.

도깨비고비, 도깨비부채처럼 '도깨비' 글자가 붙으면
잎이나 열매가 크거나 무섭다는 뜻이다.

미국쑥부쟁이나, 유럽점나도나물처럼
외국에서 온 식물은
식물 이름 앞에 나라 이름이나 지역 이름을 붙인다.

↑ 미국쑥부쟁이

우리 속담 08
하룻강아지 범 무서운 줄 모른다

속담의 뜻

한 살 된 강아지가
호랑이를 무서워하지 않는다는 뜻이다.

어리고 약한 사람이
자기보다 강한 사람에게 함부로 덤빌 때 쓴다.

이렇게 쓰여요

저녁에 아기 강아지를 데리고 산책을 나갔다.
맞은편에서 덩치 큰 개가 오고 있었다.

갑자기 우리 집 강아지가
그 개한테 쪼르르 달려가더니
"왈왈—" 큰 소리로 짖기 시작했다.
큰 개를 데리고 나온 아저씨가 말했다.
"어이구— 고 녀석,
하룻강아지 범 무서운 줄 모르고 짖어대는구나."

자연 이야기

새끼 호랑이의 출생

호랑이는 암컷과 수컷이 비슷하게 생겼다.
둘 다 몸이 크고 줄무늬가 진하며,
발톱이 날카롭고 눈동자가 무섭다.

하지만 자세히 보면 구분할 수 있다.
수컷이 암컷보다 몸집이 크다.
또, 수컷이 암컷보다 송곳니와 콧수염이 훨씬 길다.

↑ 호랑이 암컷과 수컷의 다정한 모습

↑ 호랑이가 새끼를 돌보는 모습

암컷 호랑이가 임신을 한 지
100일~110일 정도가 지나면 새끼 호랑이가 태어난다.

이제 막 태어난 새끼 호랑이의 몸무게는
겨우 1킬로그램 정도다.
태어난 지 1~2주가 지나야 눈을 뜨고
4~5주가 지나야 걷기 시작한다.

엄마 호랑이는 새끼 호랑이가 두 살 될 때까지
데리고 다니며 살아가는 법을 가르친다.

우리 속담 09
새 발의 피다

속담의 뜻

새의 가느다란 발에서 나온 피라는 뜻이다.

양이 아주 적은 것을 말할 때 쓴다.

이렇게 쓰여요

거실에서 피자를 먹으며 텔레비전을 보고 있는데 갑자기 친구가 놀자고 해서 나갔다 왔다.

집에 돌아왔는데
형이 피자 먹고서 안 치웠다고 화를 냈다.
기분이 나빠서 나도 같이 화를 냈다.
"형이 더 안 치우잖아.
형에 비하면 난 **새 발의 피**야."

옆에 있던 엄마가 우리 등짝을 때리면서 말했다.
"너희 둘 다 똑같아!"

자연 이야기
새와 발의 크기

↑ 새는 종류에 따라서 발의 모양, 크기, 색깔이 다 다르다.

새는 몸의 크기와 상관없이 발이 가늘다.
또, 발에는 살이 없고 껍질과 뼈만 있어
피의 양이 적다.

세상에서 가장 작은 새인 벌새의 발에서 피가 나면
정말 적은 양일 것이다.

벌새는 몸집은 작지만 날갯짓이 빠르다.
재주도 많다.
뒤로도 날 수 있고,
위로도, 아래로도 날 수 있다.

↑ 벌새가 날갯짓을 하고 있다.

날 수 있는 새 중 가장 큰 새는
앨버트로스이다.
날개를 활짝 펴면 3.8미터나 된다.

거위와 비슷하게 생겼고 뒤뚱뒤뚱 걷는다.
높은 곳에 올라가 바람을 타고 날면
멈추지 않고 46일까지 날 수 있다.

↑ 앨버트로스는 거위와 비슷하게 생겼다.

우리 속담 10
미꾸라지 한 마리가 온 강물을 흐린다

속담의 뜻

미꾸라지가 헤엄을 치니 강바닥에 있던
흙이 올라와 강물이 더러워졌다는 뜻이다.

한 사람의 못된 행동이
여러 사람에게 나쁜 영향을 미칠 때 쓴다.

이렇게 쓰여요

친구와 함께 해외여행을 갔다.

여행지를 설명하는 가이드가 유명한 곳이라고 하기에
내가 왔다 간 것을 남기고 싶어서
나무에 이름을 쓰려고 했다.

그러자 나를 지켜보던 친구가 말했다.
"야, **미꾸라지 한 마리가 온 강물을 흐린다**고,
한국 사람은 다 너 같은 줄 알까 봐 걱정이다."

자연 이야기
물을 흐리는 미꾸라지

↑ 미꾸라지는 온몸이 미끌미끌하다.

미꾸라지는 바닥에 진흙이나 모래가 있으면서
물이 느리게 흐르거나 고여 있는 곳에서 산다.
연못가, 논두렁, 저수지 같은 곳에서
미꾸라지를 볼 수 있다.

미꾸라지는 흙바닥 속을 파헤쳐
그 안에 숨은 작은 벌레를 잡아먹는다.

나를 손으로
잡기는 어려울걸!

미꾸라지와 비슷하게 생긴 '미꾸리'가 있다.
미꾸리는 미꾸라지보다
수염이 짧고 몸통이 굵다.

미꾸라지는 옆으로 납작하게 생겨서 '납작이',
미꾸리는 동그랗게 생겨서 '동글이'라고 불리기도 한다.

요즘에는 물이 오염되어
미꾸라지, 미꾸리 모두 보기 힘들다.

미꾸라지와 미꾸리

미꾸라지.
등은 푸른빛을 띠는 검은색이고,
배는 흰색이다. 수염이 길다.

미꾸리.
옆구리에 갈색 세로줄이 있다.
입가에 수염이 5쌍(10개) 있다.

우리 속담 11
우물 안 개구리다

속담의 뜻

깊은 우물 안에서 태어나고 자란 개구리는
우물이 세상의 전부라고 생각한다는 뜻이다.

경험이 적어서 아는 게 많지 않은 사람,
자신만 잘난 줄 아는 사람에게 쓴다.

이렇게 쓰여요

바리스타로 일한 지 1년이 됐다.
내가 일을 제일 잘한다고 생각했는데
새로 온 직원이 내려 준 커피를 마셔보고 깜짝 놀랐다.
커피가 너무 맛있었다.

집에 가서 얘기했더니 엄마가 말했다.
"그래서 우물 안 개구리가 되지 않도록
많이 배우고 경험해 봐야 해."

자연 이야기

올챙이에서 개구리로

⬆ 개구리 알.
　동글동글하고 물렁물렁하다.

⬆ 올챙이.
　머리가 크고 몸이 가늘다.

개구리는 물속에서 태어난다.
물속의 동글동글한 알에서 올챙이가 나오고,
올챙이가 커서 개구리가 된다.

올챙이는 머리가 크고 몸이 가늘며 꼬리만 있다가
뒷다리, 앞다리가 나오고 꼬리가 없어지면서
개구리의 모습으로 된다.

개구리는 11월 중순이 되면
따뜻한 곳을 찾아 겨울잠을 잔다.

산개구리나 물두꺼비 등은
물속, 물풀의 뿌리 아래, 큰 돌 아래에서 잠을 잔다.

청개구리, 참개구리, 금개구리 등은
땅속이나 바위틈에서 겨울잠을 잔다.

↑ 청개구리는 녹색 몸에 검은 무늬가 있다.   ↑ 참개구리는 등에 긴 세로줄이 있다.   ↑ 옴개구리는 등에 돌기가 있다.

우리 속담 12

꽃이 고와야 나비가 모인다

🔍 속담의 뜻

꽃이 아름답고 향기로워야
나비가 모인다는 뜻이다.

가게의 물건이 좋아야 손님이 많고,
마음을 바르게 가진 사람 주변에
좋은 사람이 있다는 뜻으로 쓰인다.

🔍 이렇게 쓰여요

친구와 같이 오랜만에 쇼핑을 하러 갔다.
손님이 많은 옷가게가 있어 들어갔더니
가게 안에 예쁜 옷이 정말 많이 있었다.

함께 간 친구가 나에게 말했다.
"**꽃이 고와야 나비가 모인다**더니
예쁜 옷이 많아 손님이 많았나 봐."

자연 이야기

나비와 꽃

나비는 주로 꽃에 든 꿀을 빨아먹고 살지만 모든 나비가 꽃만 좋아하는 것은 아니다.

대왕나비는 동물의 똥이나 시체를 좋아하고, 신선나비 수컷은 나무에서 나오는 찐득한 액체를 좋아한다.

↑ 대왕나비가 동물의 똥을 빨고 있다.

↑ 신선나비는 날개의 바깥 가장자리에 노란 띠가 있다.

나비는 꽃에 앉기만 해도
꽃의 맛을 알 수 있다.
다리로 맛을 볼 수 있기 때문이다.

↑ 청띠제비나비가 꽃에 앉아 있다.

나비의 다리는
밑마디, 도래마디, 넓적마디,
종아리마디, 발목마디로 이뤄져 있다.
가장 끝에 있는 발목마디가 맛을 느낄 수 있다.
단, 모든 맛을 느끼지는 못하고 단맛만 느낀다.

나비의 몸

우리 속담 13

감나무 밑에 누워 연시 떨어지기를 기다린다

속담의 뜻

감을 따려고 노력하지 않고, 감나무 밑에 누워 감이 떨어지기를 기다린다는 뜻이다.

아무런 노력도 하지 않고
좋은 결과만 얻길 바라는 사람에게 쓴다.

이렇게 쓰여요

퇴근 후 집에 가니 집에 아무도 없었다.
밥을 차리기도, 배달 음식을 시키기도 귀찮아서
다른 가족들이 오기를 기다렸다.

한참이 지나 집에 온 누나가 저녁 먹을 준비를 하기에
내 밥도 같이 차려 달라고 이야기했다.
그러자 누나가 말했다.
"**감나무 밑에 누워 연시 떨어지기를 기다렸냐!**
진짜 얄미워."

자연 이야기
감의 달콤함

↑ 감나무에서 감이 익어 가는 모습. 익을수록 단맛이 난다.

덜 익은 감은 떫은맛이 나지만
잘 익은 감은 달콤하다.

감이 익어 물렁해진 감을
'연시', '홍시', '연감'이라고 부른다.
대부분의 과일은 연시처럼 잘 익을수록 더욱더 달다.

햇빛을 많이 받으면 과일 속 수분이 줄고
단맛을 내는 당분이 늘어나기 때문이다.

또, 과일은 차가울수록 더 달콤하다.

과일 속에서 단맛을 내는 당분이
온도가 내려가면 더 단맛을 내기 때문이다.

그래서 냉장고 밖에 두었던 수박보다
냉장고에서 꺼낸 수박이 훨씬 달게 느껴지는 것이다.

우리 속담 14

수박 겉핥기다

에이~
수박이란 거
맛이 없네~

이런
미련 곰탱이!!

🔍 속담의 뜻

수박을 먹을 때 맛있는 안쪽을 먹지 않고
딱딱한 겉만 핥고 있다는 뜻이다.

중요한 속 내용은 제대로 모르고
겉만 대충 살피는 상황에 쓰인다.

🔍 이렇게 쓰여요

당일 기차여행 상품으로 부산을 다녀왔다.
시간에 비해 들르는 여행지가 많아서 그런지
가이드가 자세히 볼 시간을 주지 않아서 아쉬웠다.

특히, 자갈치시장은
평소에 정말 가 보고 싶었던 곳인데
수박 겉핥기로 보고 와서 너무 아쉬웠다.

자연 이야기
알맹이와 껍질

⬆ 귤 껍질에는 비타민이 많다.

⬆ 레몬즙보다 레몬 껍질에 비타민이 더 많다.

과일이나 채소 중에는
알맹이보다 껍질에 영양분이 더 많은 것도 있다.

포도 껍질은 비만이나 당뇨병, 치매를 예방하는 데 도움이 되고,
귤 껍질에는 비타민이 많아
차로 끓여 마시면 기침 감기에 좋다.
또 레몬은 레몬즙보다 껍질에
훨씬 많은 비타민C가 들어 있다.

과일, 채소 껍질처럼 생선이나 고기의 껍질에도
몸에 좋은 것이 들어 있다.

돼지 껍질은 피부가 나이 드는 것을 막아 준다.
명태 껍질은 피부에도 좋고, 술을 깨는 데도 도움이 된다.

↑ 돼지 껍질로 만든 음식이다.

우리 속담 15
서당 개 삼 년에 풍월 읊는다

속담의 뜻

개가 서당*에서 3년 동안 매일 글 읽는 소리를 듣다 보니 글을 읽을 수 있게 되었다는 뜻이다.

무슨 일을 하든지 오랫동안 반복해서 보고 들으면 자연스럽게 그 일을 할 수 있게 된다는 말이다.

* 서당 : 옛날에 학생들이 글을 배우던 곳

이렇게 쓰여요

엄마가 감기에 걸려 많이 아프시다.
엄마를 도와드리려고 내가 세탁기를 돌렸다.
흰 빨래만 모아서 1번 돌리고,
색깔 옷끼리 모아서 1번 더 돌렸다.

그 모습을 보고 엄마가 말했다.
"와아, **서당 개 삼 년에 풍월 읊는다**더니 우리 아들이 이젠 빨래도 잘하네."

자연 이야기

개의 능력

↑ 똑똑하기로 유명한 보더콜리.
  체력도 뛰어나다.

개는 사람보다 잘하는 것이 많다.

개는 사람보다 달리기를 잘한다.
한 시간에 30~60킬로미터까지 달릴 수 있다.
발바닥이 두껍고 푹신해서
오래 달려도 아프지 않기 때문이다.

또, 개는 사람보다 냄새를 잘 맡는다.
개의 촉촉한 코끝에
냄새 알갱이가 잘 달라붙어서 그렇다.

↑ 개의 코를
  확대한 모습이다.

긴 허리에 짧은 다리를 가진 닥스훈트는
독일말로 '오소리 사냥'이라는 뜻이다.
말 그대로 냄새로 오소리를 찾는 사냥개이다.

오소리를 찾아 좁은 굴을 드나들다가
허리는 길어지고 다리는 짧아졌다고 한다.

↑ 닥스훈트. 명랑하고 재빠르다.

우리 속담 16
바늘 도둑이 소도둑 된다

속담의 뜻

바늘을 훔치던 사람이 계속 훔치다 보면
나중에는 소처럼 큰 것을 훔치게 된다는 뜻이다.

작은 나쁜 일도 자꾸 하면 버릇이 되어
나중에는 아무렇지 않게
큰 잘못을 저지르게 된다는 것이다.

이렇게 쓰여요

회사에 있는 커피가 맛있기에
집에 가져가 엄마에게 드렸다.

엄마가 말했다.
"작은 거라고 이렇게 가져오다 보면
바늘 도둑이 소도둑 될 수 있어.
회사 물건은 아무리 작은 것이라도
허락 없이 가져오면 안 된단다."

자연 이야기

소의 소화 방법

소는 소화기관인 위를 4개나 가지고 있어서 소화시키는 과정이 복잡하다.

소는 한번 삼킨 음식물을 트림을 하듯 토해 냈다가 다시 씹고 삼키는 것을 몇 번 반복한다.
이것을 '되새김질'이라고 한다.
되새김질을 하면 음식물이 더 작아지기 때문에 소화가 잘된다.

🔍 소의 소화기관

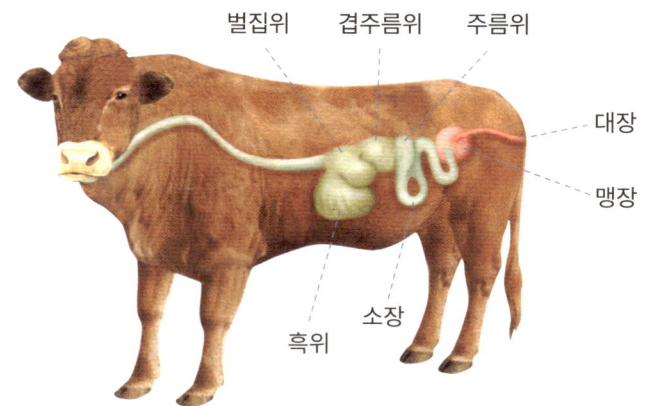

↑ 소는 많이 먹는 만큼 트림도 많이 한다.

소가 되새김질을 하면서
트림을 할 때마다 메탄가스가 밖으로 나온다.

메탄가스는 지구의 온도를 올리는 일을 하여,
지구의 환경을 나쁘게 한다.

전 세계에 14억 9천 마리 정도의 소가 있으니
소의 트림이 환경오염에 영향을 미친다고 할 수 있다.

우리 속담 17

닭 잡아먹고 오리발 내민다

🔍 속담의 뜻

닭을 잡아먹은 사람이 오리발을 내밀며
닭이 아니라 오리라고 둘러댄다는 뜻이다.

옳지 못한 일을 해놓고
안 한 척 숨기려는 사람에게 쓴다.

🔍 이렇게 쓰여요

"누가 수박 껍질을 쓰레기봉투에 버렸어?
수박 껍질은 음식물쓰레기 봉투에 버려야 하잖아!"
아빠가 쓰레기를 버리다가 화를 냈다.

내가 안 그랬다고 했다.
엄마도, 언니도 버리지 않았다고 했다.
그러자 아빠가 피식 웃으며 말했다.
"참나, **닭 잡아먹고 오리발 내민다**, 이거지?"

자연 이야기
오리의 특징

↑ 오리발(왼쪽)과 닭발(오른쪽)의 모습

오리발과 닭발의 가장 큰 차이점은
오리발에는 물갈퀴가 있다는 것이다.
오리는 물갈퀴가 달린 발로 연못 등을 돌아다닌다.

겨울이 되어 연못 물이 차가워져도 괜찮다.
오리는 꽁지깃 부분에서 나오는 기름을 온몸에 바르는데
그러면 차가운 물이 몸에 직접 닿지 않기 때문에 덜 춥다.

물속에 사는 생물을 먹고 사는 오리가 있다.
이 오리들은 물속 깊은 곳까지 잠수를 해서
먹이를 잡아먹기도 한다.

기름을 온몸에 바르기 때문에
물속 깊이 잠수를 해도 털은 잘 젖지 않는다.

↑ 오리들이 잠수하는 모습

우리 속담 18

숭어가 뛰니 망둥어도 뛴다

속담의 뜻

숭어가 뛰어오르는 모습을 보고
잘 뛰어오르지 못하는 망둥어가 따라 뛴다는 뜻이다.

자신의 상황이나 능력은 생각하지 않고
다른 사람이 하는 대로 따라 하는 사람에게 쓴다.

이렇게 쓰여요

친구가 유럽으로 가족 휴가를 간다고 했다.
나는 친구가 해외여행을 가는 게 부러워
엄마에게 우리도 여름휴가를 외국으로 가자고
이야기했다.

엄마는 "**숭어가 뛰니 망둥어도 뛴다**더니,
친구가 한다고 다 할래?
우리 집 형편도 생각해야지"라고 말했다.

자연 이야기
숭어와 뜀뛰기

숭어는 물 위를 힘차게 뛰어오르는 재주를 가지고 있다.
높이 뛰는 이유는 잘 놀라서이기도 하고
몸에 붙어 있는 벌레를 떼어 내기 위해서이기도 하다.

말뚝망둥어는 먹이를 잡아먹기 위해
갯벌 위를 뛰어다니는데
숭어와 비교하면 그 모습이 웃기다.

↑ 숭어는 몸이 납작하고
빳빳한 비늘로 덮여 있다.

↑ 말뚝망둥어가 갯벌 위에서
뛰고 있다.

⬆ 날치의 날아오르는 모습이 새를 닮았다.

마치 새처럼 날아오른다고 해서
'날치'라고 불리는 물고기도 있다.

가슴지느러미를 새의 날개처럼 활짝 펴고
꼬리지느러미로 물 위를 강하게 쳐서 떠오른다.
날치가 나는 것은 적을 피해 도망치기 위해서다.

우리 속담 19

구렁이 담 넘어가듯 한다

속담의 뜻

구렁이가 소리도 없이 슬쩍
담을 넘어간다는 뜻이다.

일을 분명하게 하지 않고
대충하고 넘어가려는 상황에 쓴다.

이렇게 쓰여요

오늘 첫 월급을 받았다. 기분이 좋았다.

저녁에 게임을 하고 있는데 누나가 와서 말했다.
"야, 너 첫 월급 타면 치킨 쏜다며!"
"어? 내가 그런 말을 했었나? 기억이 잘…"

"와—! 얘 **구렁이 담 넘어가듯** 하는 것 좀 봐!"
누나가 큰 소리로 말하더니
갑자기 내 지갑을 빼앗아 거실로 달아났다.

자연 이야기

구렁이의 사냥법

구렁이는 우리나라 뱀 중에서 가장 큰데 몸 색깔에 따라 이름이 다르다.

몸이 까만 구렁이는 '먹구렁이'라고 하고 몸이 누런 구렁이는 '황구렁이'라고 부른다.

구렁이는 집의 돌담, 밭 근처 등에서 살며 쥐, 개구리, 새 등을 잡아먹는다.

↑ 먹구렁이. 온몸이 검은색이다.

↑ 황구렁이. 온몸이 누런색이다.

↑ 구렁이가 쥐를 잡아먹고 있다.

구렁이는 독이 없는 대신
힘이 센 몸통을 이용해서 먹이를 잡는다.

먹이를 입으로 문 다음에
힘이 좋고 긴 몸통을 이용해
먹이가 꼼짝 못 하도록 감는다.

먹이가 숨을 쉬지 못하면
꽁꽁 감았던 몸을 풀고 머리부터 한입에 삼킨다.

우리 속담 20

벼룩의 간을 내어 먹는다

🔍 속담의 뜻

눈에 잘 보이지도 않을 만큼 작은 벼룩의
간을 먹는다는 뜻이다.

어려운 사람을 도와주지 않고
오히려 그 사람이 갖고 있는 것까지 빼앗을 때 쓴다.

🔍 이렇게 쓰여요

하루 종일 제대로 밥을 먹지 못하고
저녁이 되어서야 라면을 먹으려고 끓였다.

라면을 막 먹으려고 하는데
방금 밥을 먹은 누나가 라면을 뺏어 먹으려고 했다.

나는 누나에게 이야기했다.
"**벼룩의 간을 내어 먹지**,
하루 종일 굶은 사람의 라면을 뺏어 먹냐!"

자연 이야기

벼룩의 간

⬆ 동물의 털 속에 있는 벼룩의 모습

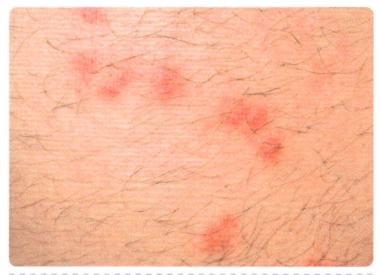

⬆ 사람이 벼룩에 물렸을 때 생기는 자국

벼룩은 눈에 보이지 않을 만큼
아주 작은 곤충이다.
'벼룩의 간'은 아주 작은 걸 뜻하지만
실제로 벼룩은 간이 없다.

벼룩은 동물이나 사람의 몸에 붙어
피를 빨아먹는다.
피를 빨아먹으면서 무서운 병을 옮기기도 하니
작다고 무시하지 말고 조심해야 한다.

벼룩은 작은 몸으로
통통 뛰는 재주를 가졌다.
벼룩이 잘 뛰는 건 길고 튼튼한 뒷다리 때문이다.
단단한 뒷다리로 뛸 때
순간적인 힘을 낼 수 있다.

가장 높이 뛸 때는 20센티미터까지
뛰어오를 수 있다.

몸은 아주 작아도
높이 뛰어오를 수 있다고!

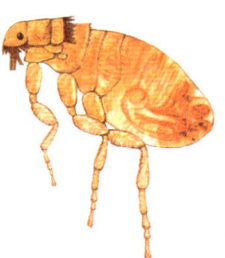

우리 속담 21
콩으로 메주를 쑨다 해도 곧이듣지 않는다

속담의 뜻

콩으로 메주를 만드는 게 당연한데도
그것을 믿지 못한다는 뜻이다.

사실을 말해도 믿지 않는 상황에 쓴다.

이렇게 쓰여요

용돈을 다 썼는데 친구들이 영화 보러 가자고 했다.
할 수 없이 누나한테 가서 말했다.
"누나, 나 2만 원만 빌려줘.
다음 주에 용돈 받으면 갚을게."

누나가 말했다.
"싫어. 네 말은
콩으로 메주를 쑨다 해도 곧이듣지 않을 거야.
저번에 빌려 간 돈도 안 갚았잖아!"

자연 이야기
콩의 종류

콩은 '밭에서 나는 쇠고기'라고 불릴 만큼 몸에 좋다.
메주콩으로는 메주나 두부를 만든다.
검은콩은 콩자반을 만들 때 쓴다.

검은콩과 겉모습이 비슷하지만
속이 파란 것은 서리태다.
검은콩과 겉모습이 비슷하지만
훨씬 작은 것은 쥐눈이콩이다.

↑ 메주콩. 메주를 만드는 데 쓴다.

↑ 검은콩. 겉은 검고 속은 노랗다.

완두콩 　 강낭콩 　 동부콩

완두콩, 강낭콩, 동부콩, 작두콩은 사람이 키운다.
돌콩, 새콩은 사람이 키우지 않고 들에서 스스로 자란다.

콩을 열매로 가진 풀들은 땅을 좋게 만든다.

콩이 열리는 식물

완두콩 　 메주콩 　 제비콩

우리 속담 22

가을에 핀 연꽃이다

🔍 속담의 뜻

여름에 피는 연꽃이
때에 맞지 않게 가을에 피었다는 뜻이다.

어떤 일을 할 때
시기나 상황에 맞지 않게 하는 것을 말한다.

🔍 이렇게 쓰여요

날씨가 쌀쌀하다고 하기에
아직 가을이지만
겨울 코트를 꺼내 입고 회사에 갔다.

내 모습을 보고 동료가 말했다.
"**가을에 핀 연꽃**도 아니고,
벌써 겨울옷을 입었네."

자연 이야기
연꽃과 수련

연꽃은 연못 속 진흙에서 자라는데 한여름에 활짝 핀다.
연꽃의 줄기에서 나오는 연잎은
키가 1~2미터 정도 자란다.

연꽃은 좋은 음식이 되어 준다.
우리가 반찬으로 먹는 연근이 바로 연꽃의 뿌리다.
연잎은 끓여서 차로 마시거나 밥을 짓는 데 사용된다.

↑ 밥을 연잎으로 싼 연잎밥(왼쪽)과 연근 반찬(오른쪽)

↑ 물 위로 솟아올라와 있는 연꽃　　↑ 물 위에 살짝 떠 있는 수련

연꽃과 수련은 비슷하다.

연꽃은 잎이 물 위에 떠 있는 것도 있고,
물 위로 솟아올라와 있는 것도 있다.
수련의 잎은 물 위로 살짝 떠 있다.

연꽃의 잎에는 물방울만 맺히지만
수련의 잎은 물에 젖는다.

우리 속담 23

고슴도치도 제 새끼가 가장 곱다고 한다

🔍 속담의 뜻

고슴도치는 털이 바늘처럼 뾰족뾰족한데도
자기 새끼의 털은 부드럽다고 생각한다는 뜻이다.

부모 눈에는 제 자식이
제일 잘나 보인다고 할 때 쓴다.

🔍 이렇게 쓰여요

동생이 고등학교 졸업 앨범을 가져왔다.
가족이 다 같이 사진을 보는데, 엄마가 말했다.
"야아, 우리 정후가 제일 잘생겼다!"

그러자 누나가 말했다.
"**고슴도치도 제 새끼가 가장 곱다고 한다**더니,
엄마 눈엔 정후만 보이지?"

자연 이야기

고슴도치와 가시

↑ 고슴도치 입은 돼지처럼 뾰족하다.

↑ 고슴도치가 몸을 동그랗게 말고 있다.

고슴도치는 우리나라 포유동물* 중 유일하게 가시털을 가지고 있는 동물이다. 가시 숫자는 만 개가 넘는다.

평소에는 가시를 눕히고 있다가 위험에 처했을 때 네 다리를 배 쪽으로 모아 몸을 둥글게 하고 가시를 뾰족하게 세운다.

* 포유동물 : 어미 동물이 새끼를 낳아 젖을 먹여 키우는 동물

고슴도치처럼 몸이 가시로 덮인 동물이 또 있는데, '산미치광이'라고 불리는 동물이다.

가시가 빽빽한 모습은 고슴도치랑 비슷하지만 고슴도치보다 몸이 크고 꼬리가 길다.
그리고 몸에 난 가시도 길다.

산미치광이도 고슴도치와 똑같이 위험에 처하면 몸을 밤송이처럼 동그랗게 만든다.

↑ 산미치광이도 위험할 때는 몸을 동그랗게 만든다.

우리 속담 24
제비는 작아도 강남 간다

속담의 뜻

몸집이 작은 제비가 먼 강남*까지
날아간다는 뜻이다.

비록 작고 힘이 없어도
제 할 일은 다 하는 사람에게 쓴다.

* 강남 : 서울의 강남이 아니라 중국 양쯔강 남쪽을 말한다.

이렇게 쓰여요

아직 어린 막냇동생이
소풍 준비물을 혼자 챙기겠다고 큰소리를 쳤다.

나는 속으로 동생이 혼자 하지 못할 거라고 생각했다.

그런데 엄마가 동생에게 말했다.
"**제비는 작아도 강남 간다**더니,
우리 준엽이가 혼자서도 준비물을 잘 챙겼구나."

자연 이야기

강남 가는 철새

↑ 제비의 나는 모습이다.

↑ 제비가 새끼에게 먹이를 먹이고 있다.

날씨가 추워지기 시작하면 따뜻한 남쪽으로 날아가 겨울을 지내는 새를 여름 철새라고 한다.

제비는 여름 철새 중 하나다.
옛날부터 사람 가까이에 집을 짓고 산 제비는
겨울이 되면 따뜻한 강남으로 날아간다.
제비가 먼 강남까지 날아갈 수 있는 것은
작은 몸에 비해 날개가 크고 발달했기 때문이다.

제비 말고도 겨울에 강남 가는 철새가 또 있다.
꾀꼬리, 뻐꾸기, 물총새, 뜸부기가 그렇다.

꾀꼬리는 울음소리가 아름다운 새,
뻐꾸기는 '뻐꾹뻐꾹' 하고 슬프게 우는 새,
물총새는 강가 근처에서 사는 새,
뜸부기는 '뜸북뜸북' 울며 논이나 갈대숲에 사는 새다.

🔍 **겨울에 강남 가는 철새들**

꾀꼬리.
눈에 검은 띠가 있다.

뻐꾸기.
남의 새 둥지에 알을 낳는다.

물총새.
물고기 등을 잡아먹으며 산다.

뜸부기(수컷).
논이나 갈대숲에 산다.

우리 속담 25

참새가 방앗간을 그냥 지나치지 않는다

🔍 속담의 뜻

참새가 먹이 있는 방앗간에 안 들어가고
그냥 지나가긴 어렵다는 뜻이다.

좋아하는 것을 보고
지나치지 못하는 사람에게 쓴다.

🔍 이렇게 쓰여요

퇴근하고 집에 가는 길에
붕어빵 파는 곳이 새로 생겼다.
집에 가서 저녁을 먹을 생각이었는데
붕어빵을 보니 나도 모르게 발길이 끌렸다.

붕어빵을 하나 집어 먹고 있는데
장을 보고 집에 가시던 엄마가 나를 보고 말했다.
"**참새가 방앗간을 그냥 지나치지 못한다**더니,
이럴 줄 알았어."

자연 이야기
참새와 방앗간

↑ 참새들이 들에서 곡식을 먹고 있다.

참새는 살면서 흔하게 볼 수 있는 새다.
농촌과 도시, 사람들이 사는 집 주변, 풀밭 등
우리나라 어디서나 쉽게 볼 수 있다.

참새는 계절에 따라 다양한 먹이를 먹는다.
봄부터 가을까지는 풀씨, 나무 열매, 곤충 등을 먹는다.
먹이를 구하기 어려운 추운 겨울에는
방앗간 근처의 볍씨를 주워 먹는다.

그래서 오래전부터 '참새 방앗간'이라는 말이 있다.

참새는 오래된 나무 구멍이나 돌 사이,
사람 사는 집의 건물 사이에 둥지를 짓고 산다.

참새는 2월~7월에 4개~8개의 알을 낳는다.
어미 참새가 12~14일 동안 알을 품으면
알에서 새끼가 태어난다.

새끼 참새는 태어난 지 14일쯤 되면 둥지를 떠난다.

⬆ 참새들이 도로 근처에 나란히 앉아 있다.

⬆ 지붕 위에서도 참새를 볼 수 있다.

우리 속담 26

가재는 게 편이다

🔍 속담의 뜻

가재가 자기와 비슷한 모습을 가진 게의 편을
들어 준다는 뜻이다.

형편이 비슷한 사람끼리
서로 감싸고 도와줄 때 쓴다.

🔍 이렇게 쓰여요

동생이 엄마에게 혼나고 있었다.
학교에서 친구랑 싸웠기 때문이라고 한다.

동생이 불쌍해서 엄마를 말렸더니
엄마가 나에게 말했다.
"**가재는 게 편**이라더니, 지금 동생 편드는 거니?"

자연 이야기
가재와 게

⬆ 가재는 깨끗한 계곡의 물이나 냇물 등에 산다.

⬆ 게는 큰 집게발을 이용해 먹이를 잡는다.

가재와 게는 모두 열 개의 다리를 가지고 있다.
그중 두 개의 다리는 큰 집게발이다.

가재는 2~3번째 다리도 집게 모양이고,
4~5번째 다리는 갈고리 모양이다.
게의 2~4번째 다리는 뾰족한 모양이고,
5번째 다리는 아주 작다.

가재와 게는 몸통 모양과 걷는 모습이 많이 다르다.
가재는 몸통이 길쭉하고 위험할 때는 뒤로 걷는다.
게는 몸이 넓고 옆으로 걷는다.

가재와 게처럼 겉껍질이 딱딱한 동물을 갑각류라고 한다.
갑각류는 자라면서 낡은 껍질을 벗는다.
다리가 잘려도 새로 자라나기 때문에
위험할 때는 다리를 자르고 도망간다.

가재, 게, 새우 등의 갑각류는
요리의 재료가 되기도 한다.

여러 가지 갑각류

방게.
작다. 몸이 3센티미터
밖에 안 된다.

갯가재.
몸이 납작하다.
주로 밤에 활동한다.

쏙.
진흙 깊이 구멍을 파고
들어가 산다.

우리 속담 27
두꺼비 파리 잡아먹듯 하다

속담의 뜻

두꺼비가 파리를 잡아먹을 때처럼
매우 빠르다는 뜻이다.

음식을 아주 빨리 먹어 치울 때 쓴다.

이렇게 쓰여요

설날이 되어 할머니 댁에 갔다.
할머니가 맛있는 음식을 많이 해놓으셨다.
할머니의 잡채는 정말 최고다.

후루룩 후루룩— 정신없이 잡채를 먹고 있는데
할머니가 등을 쓰다듬으며 말씀하셨다.
"체할라. **두꺼비 파리 잡아먹듯** 하지 말고,
천천히 먹어, 천천히~."

자연 이야기
두꺼비의 먹이

두꺼비는 파리, 잠자리, 나방, 메뚜기 같은 곤충이나
지렁이, 달팽이 등 입으로 삼킬 수 있는
모든 동물을 먹는다.

두꺼비는 뚱뚱한 몸에 다리는 굵고 짧다.
온몸에 오돌토돌하게 돌기가 나 있다.
평소에는 아주 느릿느릿 걷지만
움직이는 먹이가 있으면 긴 혀를 빼서 재빨리 잡아먹는다.

↑ 두꺼비는 주로 물 밖에서 산다.

↑ 두꺼비 암컷과 수컷이 짝짓기를 하고 있다.

↑ 두꺼비 알(왼쪽)과 알에서 깨어난 올챙이들(오른쪽)이다.

두꺼비는 3월 중순부터 알을 낳기 시작한다.
평소에는 육지에서 살다가
알을 낳을 때는 논처럼 물이 있는 곳에 간다.

알을 낳을 때는 다 같이 무리지어 이동하고,
한 번에 만 개 정도의 알을 낳는다.

요새는 논에 집이나 공장이 생기면서
두꺼비가 알을 낳을 곳이 많이 줄었다.
그래서 최근엔 두꺼비를 살리려는 활동이 많아지고 있다.

우리 속담 28

산 입에 거미줄 치랴

속담의 뜻

거미가 입 안에 거미줄을 칠 정도로
사람이 굶게 되지는 않는다는 뜻이다.

아무리 가난해도
어떻게든 먹고 살아간다는 뜻으로 쓴다.

이렇게 쓰여요

얼마 전, 한 회사에 이력서를 냈다.
오늘 문자를 받았는데 불합격이라고 했다.

나도 내가 할 수 있는 일을 찾고 싶다.
아는 형들처럼 회사에 가고 싶다.
돈을 많이 모아서 집도 사고 싶다.

내가 자꾸 한숨을 쉬자, 아빠가 말했다.
"**산 입에 거미줄 치겠냐**.
아들, 너무 걱정하지 말고, 끝까지 파이팅~!"

자연 이야기
거미와 거미줄

거미는 먹이를 잡기 위해 거미줄을 친다.
거미줄은 끈끈해서 먹이를 꼼짝 못 하게 만든다.

거미줄은 아주 가느다랗지만,
굵기가 같은 강철보다 훨씬 튼튼하다.

🔍 **거미가 거미줄을 치는 순서**

1. 거미가 실을 날린다.

2. 나뭇가지 사이를 실로 잇는다.

3. 거미줄을 타고 아래로 내려온다.

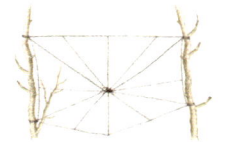

4. 세로줄을 만들어 전체 모양을 잡는다.

5. 먹이가 걸리도록 가로줄을 만든다.

6. 가로줄을 촘촘하게 해 그물을 완성한다.

↑ 긴호랑거미가 거미줄로 먹이를 칭칭 감고 있다.

모든 거미가 거미줄을 쳐서 먹이를 잡는 것은 아니다.

꽃게거미는 꽃잎이나 잎사귀에서 먹이를 잡아먹고, 물거미는 물속 곤충을 잡아먹는다.
깡충거미는 이름처럼 깡충 뛰며 먹이를 잡는다.

↑ 꽃게거미가 꽃으로 날아든 꽃등에를 잡아먹고 있다.

↑ 물거미가 물풀을 잡고 물속으로 들어가고 있다.

우리 속담 29

구르는 돌에는 이끼가 안 낀다

속담의 뜻

가만히 있는 돌에는 이끼가 끼지만,
굴러다니는 돌에는 이끼가 끼지 않는다는 뜻이다.

부지런하고 꾸준히 노력하는 사람은
계속 발전한다는 뜻으로 쓴다.

이렇게 쓰여요

나는 자전거를 고치는 일을 한다.
처음에는 어려웠는데 꾸준히 배우고 연습해서
지금은 잘할 수 있게 되었다.

오늘도 자전거를 열심히 고치고 있는데
사장님이 옆에 와서 말했다.
"**구르는 돌에는 이끼가 안 낀다**고 하더니,
자전거를 고치는 솜씨가 아주 좋아졌네요."

자연 이야기
돌 위의 이끼

↑ 숲속 바위에 이끼가 덮여 있다.

식물은 보통 땅속에 뿌리를 내리고
흙 속 영양분과 햇빛을 받으며 자라난다.

이끼는 다른 식물과는 다르게
뿌리로 영양분을 흡수하지 않는다.
공기 속 수분을 이용해
그늘진 땅이나 바위, 나무줄기에 붙어 살아간다.
심하게 오염된 곳이 아니라면 어디서든 잘 산다.

↑ 우산이끼(왼쪽)와 솔이끼(오른쪽).
  이끼도 종류에 따라 모양이 다르다.

이끼처럼 어려운 환경 속에서
꿋꿋하게 사는 식물이 또 있다.

추운 남극에서 꽃을 피우는 남극좀새풀,
물이 없는 건조한 곳에서 자라는
북극담자리꽃나무가 그렇다.

↑ 남극에서 자라는
  남극좀새풀이다.

↑ 북극담자리꽃나무는
  물이 부족한 곳에서 자란다.

우리 속담 30

재주는 곰이 넘고 돈은 주인이 받는다

속담의 뜻

곰이 재주를 부렸는데
돈은 재주를 부리지 않은 주인이 받는다는 뜻이다.

어떤 일을 열심히 했는데
돈이나 칭찬은 다른 사람이 받을 때 쓴다.

이렇게 쓰여요

한참 어린 막냇동생이 할머니한테 세배를 했다.
할머니가 예쁜 짓을 한다며 세뱃돈을 듬뿍 주셨다.

엄마가 그 세뱃돈을 가져갔다.
그러자 아빠가 웃으며 말했다.
"**재주는 곰이 넘고 돈은 주인이 받는다**더니,
세뱃돈을 당신이 가져가는 거야?"

자연 이야기

똑똑한 곰

↑불곰.
곰 중에서 제일 크며
주로 갈색이다.

↑북극곰.
온몸이 하얘서 '백곰'
이라고도 불린다.

↑흑곰.
북아메리카와
아시아에 산다.

큰 몸집, 짧고 굵은 네 다리로 느릿느릿 걷는 곰.
곰은 야생동물 중에서 머리가 아주 좋은 동물이다.

곰은 몸에 비해 뇌가 크며
한번 경험한 것이나 오래된 것도 잘 기억한다.
사냥꾼을 피하기 위해
사람이 지나가기 어려운 길로 다닌다.

미국의 한 대학에서 반달가슴곰을 대상으로 실험을 했다.
실험 결과, 반달가슴곰이 물건 수의 차이를
구별한다는 것을 알아냈다.

반달가슴곰은 아시아에 사는 흑곰을 말한다.
온몸이 검은색인데 앞가슴에만 반달무늬가 있다.
예전엔 많았지만 점점 수가 줄고 있다.
그래서 나라에서 법으로 보호하고 있다.

↑ 반달가슴곰은 불곰보다 작다.

우리 속담 31

염소 물똥 누는 것 보았느냐

🔍 속담의 뜻

염소는 된똥만 싸고
물똥은 싸지 않는다는 뜻이다.

일어날 수 없는 일을 가리킬 때 쓴다.

🔍 이렇게 쓰여요

어젯밤 꿈에 박보검이 나왔다.
박보검이 나를 좋아한다고 말했다.

신이 나서 언니한테 말했는데, 언니가 입을 삐죽이며 말했다.
"**염소 물똥 누는 것 봤어?**
그럴 일 없으니, 꿈 깨셔."

자연 이야기
염소와 똥

염소 똥은 사람의 똥과 다르게
검은콩처럼 동글동글하다.
장이 길어서 많은 양의 물을 흡수하기 때문에
똥에 수분이 없어 딱딱해진다.
그 상태에서 똥을 누면 동그래진다.

만약에 염소가 물똥을 싼다면
염소의 건강이 안 좋다는 뜻이다.

↑ 염소는 색이 여러 가지다.
　흰색, 검은색, 갈색 등이 있다.

⬆ 외국에 사는 큰 뿔을 가진 야생 염소이다.

염소는 뿔을 가졌다.
뿔은 호랑이, 늑대와 같은 동물들로부터 보호해 준다.

염소의 눈은 이마의 양옆에 있다.
고개를 돌리지 않고도 옆이나 뒤를 볼 수 있어
무서운 동물로부터 쉽게 도망칠 수 있다.

우리 속담 32

부엉이 소리도 제 귀에는 듣기 좋다

🔍 속담의 뜻

다들 부엉이 소리를 좋아하지 않는데
부엉이만 자기 소리를 좋게 여긴다는 뜻이다.

자기의 약점은 모르고
자기가 하는 일은 다 좋다고만 생각하는 경우에 쓴다.

🔍 이렇게 쓰여요

"뿌욱―" 아빠 방귀가 또 터져 나왔다.

"아, 아빠, 진짜!! 매너 없이!!"
내가 짜증을 내자 아빠가 말했다.
"인마, 아빠 방귀는 냄새 안 나."

옆에서 엄마가 말했다.
"**부엉이 소리도 제 귀에는 듣기 좋다고 한다**더니,
냄새가 얼마나 독한지 자기만 몰라요."

자연 이야기

밤에 강한 부엉이

부엉이는 커다란 눈, 날카로운 부리를 지녔다.
머리 꼭대기에는 귀 모양의 털이 있다.

부엉이의 우는 소리는
꼭 아기가 우는 소리처럼 슬프게 들린다.

부엉이는 주로 밤에 활동하는데
옛날에는 한밤중에 들리는 부엉이 소리를
안 좋은 일이나 죽음을 알리는 것이라고 여겼다.

⬆ 부엉이는 머리 위에 귀 모양의 털이 있다.

⬆ 소쩍새는 올빼미의 한 종류다.

부엉이는 사냥도 밤에 한다.
넓게 볼 수 있고 시력도 좋아
컴컴한 어둠 속에서도 먹이를 잘 찾는다.

또한 소리도 잘 들어서
자그마한 움직임과 소리에도 먹이의 위치를 잘 안다.

↑ 수리부엉이가 바위 위에 앉아 있다.

우리 속담 33

어물전 망신은 꼴뚜기가 다 시킨다

속담의 뜻

꼴뚜기가 작고 못생겨서
생선을 사러 왔던 사람들이 그냥 돌아간다는 뜻이다.

한 사람의 잘못된 행동이
옆에 있는 사람들을 창피하게 만들 때 쓴다.

이렇게 쓰여요

영화를 보러 갔는데 한 친구가
앞자리를 자꾸 발로 찼다.
앞에 앉은 사람이 우리를 째려보기에
우리가 친구를 대신해서 죄송하다고 했다.

같이 간 또 다른 친구가 말했다.
"**어물전 망신은 꼴뚜기가 다 시킨다**더니,
저 자식 때문에 우리가 다 창피하다."

자연 이야기
꼴뚜기의 몸

↑ 꼴뚜기. 몸통이 좁고 뾰족하다.

↑ 오징어. 꼴뚜기와 비슷하게 생겼다.

꼴뚜기는 오징어와 비슷하게 생겼다.
오징어와 마찬가지로 몸통, 머리, 다리로 이루어져 있고
세모 모양의 지느러미와 10개의 다리가 있다.

하지만 꼴뚜기는 오징어보다 몸 크기가 훨씬 작고
몸통이 좁고 뾰족하다.
등판에 껍질이 없고, 뼈가 종이처럼 얇다.
또, 꼴뚜기의 몸은 오징어보다 훨씬 부드럽고 연하다.

꼴뚜기의 몸 구조

꼴뚜기처럼 흐물흐물한 몸을 가진 동물을
연체동물이라 한다.
모든 연체동물이 똑같이 생기지는 않았다.

낙지, 문어도 연체동물이지만
꼴뚜기와 달리 다리가 8개다.
또 머리 모양이 세모가 아니라 동그랗다.

↑ 문어(왼쪽)와 낙지(오른쪽)의 모습이다.

우리 속담 34
메뚜기도 유월이 한철이다

속담의 뜻

메뚜기는 여름철에만 활동이 활발하다는 뜻이다.

사람이 잘나갈 수 있는 기간은
길지 않다고 할 때 쓴다.

이렇게 쓰여요

내가 좋아하는 예능 프로그램에
요즘 잘나가는 요리사가 나왔다.

요리사는 너무 바빠서 잠잘 시간이 부족하다고 했다.
진행자가 왜 그렇게 바쁘게 사냐고 물었다.

그러자 그가 대답했다.
"**메뚜기도 유월*이 한철**이라고 하잖아요.
할 수 있을 때 열심히 하는 것뿐입니다."

*유월 : 6월. 속담 속 6월은 음력 6월을 말한다.

자연 이야기
메뚜기의 공격

메뚜기는 모든 풀을 잘 먹는다.

농부들이 기르는 농작물까지 갉아 먹어
사람들에게 큰 피해를 주기도 한다.

특히 벼메뚜기는 벼, 밀, 보리, 배추, 콩 등을
오랜 시간 동안 갉아 먹는다.

↑ 풀무치(왼쪽)와 방아깨비(오른쪽). 둘 다 메뚜기의 종류다.
  풀무치는 잡초를 먹고 산다. 방아깨비는 머리끝이 뾰족하고 뒷다리가 길다.

⬆ 메뚜기는 사람에게 큰 피해를
입히기도 한다.

1784년 남아프리카에서는
3천억 마리의 메뚜기 떼가 나타나 피해를 줬다.

2010년 호주에서는 8센티미터가 되는 큰 메뚜기
수백만 마리가 나타나 곡물을 모조리 갉아 먹었다.

메뚜기가 저렇게 많이 나타난 것은
비가 많이 온 후 날이 더워지면서
메뚜기가 살기 좋은 환경이 되었기 때문이라고 한다.

우리 속담 35

지렁이도 밟으면 꿈틀한다

🔍 속담의 뜻

아무 힘도 없어 보이는 지렁이도
밟으면 몸부림을 친다는 뜻이다.

힘없고 좋은 사람이라도 너무 무시하고 못살게 하면
가만있지 않는다는 뜻으로 쓴다.

🔍 이렇게 쓰여요

엄마가 쓰레기를 버리고 오라고 했는데
귀찮아서 동생을 시켰다.

배가 고픈데 집에 밥이 없기에
동생한테 라면을 끓여 오라고 했다.

누나가 갑자기 비가 온다며 우산을 갖다 달라고 한다.
동생에게 나갔다 오라고 했더니, 동생이 하는 말.
"**지렁이도 밟으면 꿈틀한댔어**.
형, 자꾸 이럴 거야?"

자연 이야기

지렁이가 사는 곳

↑ 지렁이는 몸 맨 앞에는 입이, 맨 뒤에는 항문이 있다.

↑ 비 오는 날에 지렁이를 더 많이 볼 수 있다.

지렁이는 흙 속이나 하천, 호수, 동굴 등에 살아서
평소에는 보기 어렵다.

하지만 비가 오는 날에는 지렁이를 보기 쉽다.
지렁이는 피부로 숨을 쉬는데
비가 오면 땅속에 빗물이 많아 숨쉬기가 어려워진다.
그래서 비 오는 날이면 지렁이는 땅 위로 올라온다.

반대로 날씨가 너무 덥거나 추우면
지렁이는 더 깊은 땅속으로 내려가기도 한다.

지렁이는 흙 속의 세균, 작은 생물을 먹는데
먹이를 먹고 눈 똥이 흙을 기름지게 만든다.
지렁이는 땅속을 파헤치고 다니며
흙을 골고루 섞기도 한다.
흙이 섞이면 식물의 뿌리가 숨을 쉬기에 좋다.

이런 중요한 역할을 하기 때문에
지렁이를 '지구의 청소부'라 부르기도 한다.

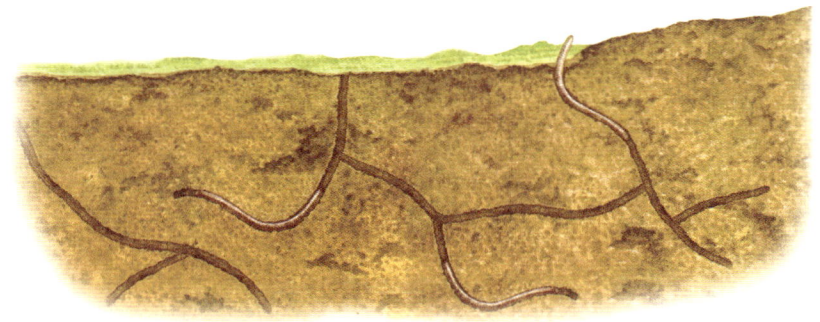

↑ 지렁이 굴

우리 속담 36

뿌리 깊은 나무는 가뭄을 타지 않는다

🔍 속담의 뜻

땅속 깊이 뿌리를 내린 나무는
물이 부족한 가뭄이 와도 말라 죽지 않는다는 뜻이다.

기본이 단단하면 어려움이 생겨도
잘 이겨낼 수 있다는 뜻으로 쓰인다.

🔍 이렇게 쓰여요

아빠가 매일 아침 수영을 다니자고 한다.
나는 춥고 귀찮아서 싫다고 했다.

그러자 할아버지가 말씀하셨다.
"**뿌리 깊은 나무는 가뭄을 타지 않는다**고 하잖니.
매일매일 운동하면 몸이 튼튼해져.
몸이 튼튼하면 어떤 일을 해도 덜 힘들단다."

자연 이야기
나무와 뿌리

↑ 보리수는 물이 별로 없는 곳에서도 잘 자란다.

🔍 나무의 뿌리

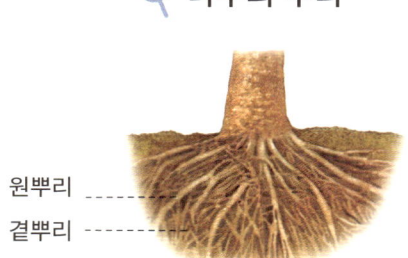

원뿌리
곁뿌리

식물이 잘 자라려면 땅속에 뿌리를 잘 내려야 한다.
뿌리는 물과 영양분을 빨아들여
줄기와 잎으로 전달한다.

작은 식물은 손으로 뽑으면 뿌리까지 쉽게 뽑히지만
나무처럼 큰 식물은 뿌리가 크고 길며 굵기 때문에
손으로 뽑아도 뽑히지 않는다.

식물은 종류에 따라 뿌리 모양이 다르다.
살아가는 환경에 따라 모양이 변하는 뿌리도 있는데,
이러한 뿌리를 '변형 뿌리'라고 한다.

다른 식물의 몸에 뿌리를 내리고 빨아 먹는 기생뿌리,
물속에 뿌리를 내리는 수중뿌리 등
다양한 변형 뿌리가 있다.

↑ 기생뿌리.
다른 식물의 몸에 뿌리를 내리고
물과 영양분을 빨아 먹는다.

↑ 수중뿌리.
물속에 뿌리를 내리고
물과 영양분을 흡수한다.

우리 속담 37

고래 싸움에 새우 등 터진다

🔍 속담의 뜻

작은 새우가 덩치 큰 고래들의 싸움에 끼어 죽는다는 뜻이다.

힘센 사람들끼리 싸울 때 힘없는 사람이 피해를 입는 상황에서 쓴다.

🔍 이렇게 쓰여요

동아리에서 놀러 갔는데 형 두 명이 말다툼을 하기 시작했다.

배가 고팠지만 밥을 먹자는 말을 할 수가 없었다. 한 친구가 나한테 다가와서 말했다.

"고래 싸움에 새우 등 터지겠네. 배고픈데 밥도 못 먹고, 이게 뭐냐."

자연 이야기
고래와 새우

↑ 대왕고래. 몸에 잔무늬가 있고 입안에 있는 수염은 검은색이다.

고래는 바다에 사는 포유동물 중 가장 크다.
종류에 따라 몸 크기가 다른데,
'대왕고래'는 지구에서 가장 큰 동물로 알려져 있다.

다 자라면 몸길이는 30미터 이상이나 되고,
몸무게는 190톤 정도 된다.
먹이로 새우를 먹는데
어른 고래는 하루에 4천 톤의 새우를 먹을 수 있다.

고래의 먹이인 새우는 여러 요리의 재료로 쓰이기 때문에
동물뿐 아니라 사람에게도 귀하다.

새우는 몸이 크게 머리가슴과 배, 둘로 나뉘고
열 개의 다리를 가졌다.
작지만 꼬리와 헤엄다리, 배의 근육으로
앞으로 빠르게 헤엄을 친다.
또 위험할 때는 배를 굽혔다 펴면서
빠르게 뒤로 물러나는 재주도 가졌다.

↑ 보리새우.
   바닥이 진흙과 모래로 되어 있는
   얕은 바다에 산다.

↑ 닭새우.
   더듬이가 몸길이보다 더 길며,
   헤엄치지 않고 기어 다닌다.

우리 속담 38

자라 보고 놀란 가슴 솥뚜껑 보고 놀란다

속담의 뜻

자라를 보고 깜짝 놀란 사람은
자라의 등딱지와 비슷하게 생긴 솥뚜껑만 봐도
놀란다는 뜻이다.

어떤 일이나 물건 때문에 크게 놀란 사람이
비슷한 일이나 물건을 보고 겁을 낼 때 쓴다.

이렇게 쓰여요

바퀴벌레는 너무 징그럽고 무섭다.
아침에 잠이 덜 깨서 눈을 비비며 화장실에 갔는데
화장실 문 앞에 바퀴벌레가 있었다.
"엄마야—"
소리를 질렀는데 나중에 보니 까만색 털실이었다.

오빠가 키득키득 웃으며 말했다.
"자라 보고 놀란 가슴 솥뚜껑 보고 놀란다더니,
딱 너를 두고 하는 말이다."

자연 이야기
자라 등과 솥뚜껑

↑ 자라(왼쪽)와 붉은귀거북(오른쪽)이 햇빛에 몸을 쪼이고 있다.

자라는 거북이와 비슷한 동물로
등딱지가 납작하고 둥근 모양의 솥뚜껑처럼 생겼다.
하지만 단단한 솥뚜껑과 달리 자라의 등딱지는 부드럽다.

주로 하천이나 연못 밑바닥에서 사는데
알을 낳을 때 빼고는 물 밖으로 잘 나오지 않는다.

자라는 겁도 많지만 공격적이어서 잡히면 물기도 하는데
한번 물면 잘 놓지 않는다.

거북이의 한 종류인 남생이도 자라와 같이
등이 솥뚜껑처럼 생겼다.
하지만 남생이는 자라와 다르게
등딱지가 단단하고 성격이 순하다.

또, 발 네 개에는 각각 다섯 개의 발가락이 있고
발가락 사이에는 물갈퀴가 있다.

남생이는 원래 환경에 잘 적응해 사는데
요즘에는 수가 많이 줄었다.
그래서 나라에서 법으로 보호하고 있다.

↑ 남생이. 한국, 일본, 중국 등에 산다.

우리 속담 39

송충이는 솔잎을 먹어야 산다

속담의 뜻

송충이는 솔잎을 먹어야 살고,
다른 잎을 먹으면 죽는다는 뜻이다.

자기 상황에 맞게 살아야 한다는 뜻으로 쓰인다.

이렇게 쓰여요

요즘 좋아하는 유튜브가 있다.
나이 든 가수가 운영하는 유튜브인데
내가 좋아하는 노래를 많이 올려 준다.

그 가수는 사업을 하다가 망했다고 한다.
인터뷰에서 그는 이렇게 말했다.
"음악을 해야 하는 사람이 사업을 하니
잘될 수가 없다.
송충이는 솔잎을 먹어야 산다는 말이 맞았다."

자연 이야기

사람에게 안 좋은 벌레

솔나방은 회백색이나 황갈색을 띠고 솔잎에 400개~600개의 알을 낳는다. 이 알에서 나온 애벌레가 송충이다.

송충이는 누에와 비슷하지만 흑갈색이고 온몸에 털이 있다. 특히 가운데와 등에는 바늘 모양의 털이 빽빽하게 있는데, 이 털에 찔리면 많이 아프고 염증이 생기기도 한다.

또, 송충이는 소나무를 갉아 먹어 소나무에게 큰 피해를 준다.

↑ 송충이. 솔나방의 애벌레다.

↑ 매미나방의 애벌레.
  매미나방은 독나방의 하나다.

나방 중에는 독을 가진 독나방이 있는데,
이런 독나방은 애벌레 때부터 독이 있다.
독을 가진 애벌레는 대부분 색이 화려하다.

또, 독을 가진 나방 애벌레를 건드리면
피부가 아프고 염증이 생긴다.

우리 속담 40

벼는 익을수록 고개를 숙인다

🔍 속담의 뜻

벼는 익기 전에는 꼿꼿이 서 있지만,
익으면 익을수록 윗부분이 구부러져
고개를 숙인 듯한 모양이 된다는 뜻이다.

뛰어난 사람일수록 잘난 체하지 않는다는 뜻이다.

🔍 이렇게 쓰여요

친구가 발달장애인 연주단에서 드럼을 친다.
연주회를 한다고 해서, 가족들과 함께 보러 갔다.

연주회가 끝나고 사진을 찍을 때
드럼을 잘 쳤다고 했더니, 친구가 말했다.
"잘 치는 건 아니고, 열심히 한 것뿐이야."
그러자 엄마가 친구에게 말했다.
"**벼는 익을수록 고개를 숙인다**더니,
너 참 겸손하구나."

자연 이야기
고개 숙인 벼

↑ 익어서 누렇게 된 벼.
 벼 이삭* 속에 하얀 쌀알이 들어 있다.

벼는 논에서 자라는 식물이다.

줄기 끝에서 열매가 열리는데
이 열매가 익으면 익을수록 무거워지기 때문에
아래로 고개를 숙인 모양이 된다.

가을이 되면 줄기 끝의 열매가 노랗게 된다.
이때 열매 껍질을 벗기면 하얀 쌀 알갱이가 나온다.

* 이삭 : 벼나 보리 같은 곡식에서 꽃이 피고 열매가 달리는 부분

우리가 잘 아는 옥수수, 밀, 보리도
벼와 비슷한 식물이다.

이런 식물은 어떤 날씨에서도 잘 자라기 때문에
세계 곳곳에 퍼져 있다.
매우 추운 남극에도 '남극좀새풀'이라는
벼 종류의 식물이 자라고 있다.

🔍 **벼와 비슷한 종류의 식물들**

잔디　　　　　보리　　　　　밀　　　　　　벼